BEI GRIN MACHT SICH IHR WISSEN BEZAHLT

- Wir veröffentlichen Ihre Hausarbeit, Bachelor- und Masterarbeit

- Ihr eigenes eBook und Buch - weltweit in allen wichtigen Shops

- Verdienen Sie an jedem Verkauf

Jetzt bei www.GRIN.com hochladen und kostenlos publizieren

Bibliografische Information der Deutschen Nationalbibliothek:

Die Deutsche Bibliothek verzeichnet diese Publikation in der Deutschen National-
bibliografie; detaillierte bibliografische Daten sind im Internet über http://dnb.d-
nb.de/ abrufbar.

Coverbild: hxdyl @Shutterstock.com

Impressum:

Copyright © 2014 GRIN Verlag, Open Publishing GmbH
Druck und Bindung: Books on Demand GmbH, Norderstedt Germany
ISBN: 978-3-656-76794-7

Dieses Buch bei GRIN:

http://www.grin.com/de/e-book/281508/logistikmeister-vorbereitung-auf-das-fach-
ntg-naturwissenschaftliche

Michael Dotzel

Logistikmeister. Vorbereitung auf das Fach NTG (Naturwissenschaftliche und technische Grundlagen)

GRIN Verlag

Logistikmeister

Berücksichtigung naturwissenschaftlicher und technischer Gesetzmäßigkeiten

NTG
Grundlagen

Vorbereitung auf den Unterricht

Vorwort

In diesem Buch finden Sie wichtige Elemente die Sie auf den Unterricht im Fach NTG der Logistikmeister vorbereiten sollen.

Wie Sie vielleicht schon wissen, ist das Fach NTG in vier Bereiche gegliedert:

1: Chemie   Prüfungsanteil 10%

2: Physik   Prüfungsanteil 50%

3: Elektrotechnik   Prüfungsanteil 30%

4: Statistik   Prüfungsanteil 10%

Aufgrund dieser Verteilung des Stoffes ist es ratsam, sich zuerst auf die Bereiche zu konzentrieren die den höchsten Prüfungsanteil stellen.

Ich wünsche Ihnen viel Spaß bei der Lektüre dieses Buches.

Michael Dotzel

Inhaltsverzeichnis

1. <u>Chemie</u>
- Oxidation, Reduktion
- Korrosion und Korrosionsarten
- Korrosionsschutz
- elektrochemische Spannungsreihe
- Luft
- Wasser und sein Dipolcharakter, Lösung
- Wasserstoff und seine Herstellung
- Säuren und Laugen
- Neutralisation

2. <u>Physik</u>
- Formelumstellungen
- Einheiten nach SI-System, dezimale Einheiten
- Länge, Flächen, Volumen
- Vergleich Celsius °C Kelvin K
- Längen und Volumenausdehnung
- Bewegungsvorgänge
- Kräfte
- Energie und Energieumwandlung
- Arbeit und Leistung
- Festigkeitslehre

3. <u>Elektrotechnik</u>
- Was ist Elektrizität?
- Sicherheitsvorschriften
- Ohm´sches Gesetz
- Reihenschaltung, Parallelschaltung
- Leistungsberechnungen
- Elektrische Arbeit

4. <u>Statistik</u>
- Was ist Statistik
- Normalverteilung

5. <u>weitere Informationen</u>
- Kernkraftwerke
- Verbrennungsmaschinen (Otto + Dieselmotor)
- alternative Energiequellen

6. <u>Lösungen zu den Aufgaben</u>

Chemie

- Oxidation, Reduktion

Wichtige Begriffe in der Chemie sind die Begriffe „Oxidation und Reduktion". Hier werden nun beide Begriffe erklärt:

Oxidation bedeutet, ein Stoff nimmt aus der Umgebung Sauerstoff auf. Dabei entsteht ein Oxyd.

Beispiel: Eisen + Sauerstoff = Eisenoxyd

oder auch Rost oder Korrosion genannt.

Reduktion bedeutet, es wird Sauerstoff abgegeben.

Ein Beispiel dafür ist die Herstellung von Stahl im Hochofenprozess.

Merke: Oxidation = Aufnahme von Sauerstoff
Reduktion = Abgabe von Sauerstoff

Wenn Wasser H_2O zerlegt wird bleibt Wasserstoff und Sauerstoff als Elemente übrig: Daraus folgt:

Sauerstoff ist ein gutes Oxidationsmittel
Wasserstoff ist ein gutes Reduktionsmittel

- Korrosion

Jährlich gehen in Deutschland mehrere Millionen Euro durch Korrosion verloren.
Es gibt verschiedene Korrosionsarten:

1. Chemische Korrosion
2. elektrochemische Korrosion
3. Kontaktkorrosion

Über diese wichtigen Arten der Korrosion sollte man sich im Vorfeld informieren.

- Korrosionsschutz

Maßnahmen zum Korrosionsschutz sind z.B:
1. Galvanisieren
2. Tauchen
3. Opferanode
4. Diffundieren
5. Plattieren
6. Eloxieren
7. Phosphatieren
8. Chromatisieren
9. Auftragen von Schutzschichten

6

- elektrochemische Spannungsreihe

Die elektrochemische Korrosion ist die am weitesten verbreitete Korrosionsform. Viele Vorgänge können mithilfe der elektrochemischen Spannungsreihe erklärt werden.

Element	Chem. Symbol	Normalpotenzial in Volt
Aluminium	Al	- 1,6 V
Mangan	Mn	- 1,1 V
Zink	Zn	- 0,76 V
Eisen	Fe	- 0,44 V
Zinn	Sn	- 0,14 V
Blei	Pb	- 0,13 V
Wasserstoff	H	0,00 V
Antimon	Sb	0,14 V
Kupfer	Cu	0,34 V
Kohlenstoff	C	0,74 V
Silber	Ag	0,8 V
Platin	Pt	0,86 V
Gold	Au	1,42 V

Alle Elemente von 0,00 V bis -1,6 V sind zunehmend unedler von 0,00 bis 1,42 V zunehmend edel, dass heißt: wenn eine elektrochemische Korrosion auftritt wird immer das unedler Metall zerstört.

Ein Beispiel: Schauen Sie sich mal eine Batterie in Ihrer Fernbedienung am Fernseher an. Sie finden eine Bezeichnung der Spannung von 1,5 Volt.
Denn eine normale Batterie besteht aus Kohlenstoff und Zink.
Schauen wir in die Spannungsreihe da sehen wir:

- Zink   Spannung von – 0,76 V
- Kohlenstoff Spannung von   0,74 V

Rechnen wir: **C + Zn = + 0,74 V - (- 0,76 V) = 1,5 V**

Rechnen Sie selbst ein paar Beispiele aus !!

Merke: Eine elektrochemische Korrosion tritt auf, wenn 2 Stoffe, mindestens aber 1 Metall mit einer leitenden Flüssigkeit, dem Elektrolyt leitend verbunden ist.
Je aggressiver des Elektrolyt umso stärker die Korrosion. (z.B. Wasser oder Säure)

* Luft

Was Sie über Luft wissen sollten, ist die
Zusammensetzung des Gasgemisches. Es besteht aus:

Element	Chem. Kurzzeichen	Anteile in %
Stickstoff	N	78,08
Sauerstoff	O	20,95
Argon	Ar	0,93
Kohlendioxid	CO2	0,03
Neon	Ne	0,00180
Helium	He	0,00050
Methan		0,00016
Krypton	Kr	0,00011
Wasserstoff	H	0,00005

Die Gasanteile bleiben bis zu einer Höhe von etwa 20
km konstant.

Merke: Luft ist ein Gasgemisch das für die Produktion
von technische Gasen verwendet wird. z.B. Argon als
Schweißgas.

- Wasser, sein Dipolcharakter und Lösung

Wasser nimmt ¾ der Erdoberfläche ein. Wasser findet man als Grund- und Oberflächenwasser. Es kommt in Lebewesen und in der Atmosphäre als Wasserdampf vor.
Chemisch gebunden findet man es als Kristallwasser. Wasser bildet ein Dipol. Die Moleküle sind sehr stabil und spalten sich nur unter Zufuhr von großen Energiemengen. (Elektrolyse von Wasser)

Dipol heißt eigentlich nichts anderes als 2 Pole, eine + Pol und einen – Pol.
Schauen Sie mal auf eine Wasserflasche die Sie im Handel kaufen können. In diesem Mineralwasser sind verschiedene Salze und Mineralstoffe gelöst. Zum Beispiel: Salz = Natriumchlorid.

Das heißt:
Im Wasser sind Natrium + und Chlorid – gelöst.

Das heißt Lösung. Wenn Sie das Wasser erhitzen und komplett verdampfen lassen wird die Lösung aufgehoben und die Salze kommen wieder zum Vorschein.

- Wasserstoff und seine Herstellung

Wasserstoff ist ein Element das vor allem im Wasser und auch teilweise in unsere Luft gebunden ist.
Wir wissen schon, dass Wasserstoff ein gutes Reduktionsmittel ist und die Herstellung wurde auch schon kurz angesprochen. Es geschieht durch Elektrolyse von Wasser, dass heißt Wasser wird unter Spannung gesetzt.
Dabei spalten sich Sauerstoff und Wasserstoff auf.
Ein Beispiel dafür ist die Autobatterie wenn sie geladen werden soll. Hier wird Sie unter Spannung gesetzt und dabei entsteht Wasserstoff, denn Sie müssen die Kammerverschlüsse aufdrehen damit das Gas entweichen kann und es nicht zu Explosion kommt.
Außerdem ist Wasserstoff hochexplosiv, wie es am deutschen Zeppelin „Hindenburg" zu sehen war.

- Säuren und Laugen

Hier sollten Sie auf jedenfall die Sicherheitshinweise für Säuren und Laugen beherrschen.

Beispiel:
„Schützt du Wasser in die Säure, dann geschieht das ungeheure"

- Neutralisation

Unter Neutralisation versteht man eine chemische Reaktion von Säuren und Laugen zu Salzen und Wasser.

Beispiel: Säuren haben eine pH Wert von 0-6
Laugen haben einen pH Wert von 8-14

auch genannt Säuren sind sauer und Laugen alkalisch.

Der sogenannte neutrale pH-Wert ist also 7.

Verbindet man also Säuren und Laugen so, dass ein pH Wert von 7 entsteht sind beide neutralisiert und es entstehen wie schon gesagt Wasser und Salze.

Physik

- Formelumstellungen

In den vielen Kursen für das Fach NTG habe ich festgestellt, dass viele Teilnehmer schon lange die Schulzeit hinter sich gelassen haben und dabei entstanden viele Probleme bei der Umstellung von Formeln
Hier möchte ich Ihnen nochmals erklären wie eine Formel umgestellt wird.

Nehmen wir zuerst ein einfachen Zahlenbeispiel:

$$5+3 = 8 \text{ oder in Buchstaben } a+b = c$$

Hier handelt es sich um rein positive Zahlen und Buchstaben. Wir könnten auch schreiben:

$$+5+3 = 8 \quad \text{ oder } \quad +a+b = c$$

Stellen wir um nach b oder nach der Zahl 3

b und 3 haben ein positives Vorzeichen also+
Beim Umstellen einer Formel wird das entsprechende Element mit dem umgekehrten Vorzeichen auf die

andere Seite gesetzt.

Hier: +5 = 8-3   oder +a = b-c
oder   5 = 8-3   oder a = b-c

Merke: Beim Umstellen einer Formel wird das Element mit dem umgekehrten Vorzeichen auf die andere Seite gesetzt.

Beispiele:

$$P = \frac{F}{A} \qquad \text{nach F umgestellt} \qquad F = P * A$$

$$P = m * g * h \qquad \text{nach h umgestellt} \qquad h = \frac{P}{(m * g)}$$

noch genauer aufgeschlüsselt werden wir zuerst m das im mal steht auf die andere Seite mit geteilt bringen

$$\frac{P}{m} = g * h$$

und jetzt noch g auf die andere Seite mit geteilt bringen

$$\frac{P}{(m * g)} = h \qquad \text{ist} \qquad h = \frac{P}{(m * g)}$$

Ich habe aus Verständnisgründen die Therme in Klammern gesetzt obwohl es nicht notwendig ist, aber wenn Sie solche Formeln so in Ihren Taschenrechner eingeben dann erhalten Sie auf jeden Fall das richtige Ergebnis.

Kommen wir nun zu den Exponenten, keine Angst es ist auch ganz einfach.

Beispiel:

$$a^2 = 16 \quad \text{oder} \quad a * a = 16$$
$$\mathbf{4^2 = 16 \quad oder \quad 4 * 4 = 16}$$

Eine Exponent a^2 heißt das sich ein Wert mit sich selber multipliziert.
Um einen Exponent rückgängig zu machen wird einfach die Wurzel gezogen.

Beispiel:

$$a^2 = 16 \qquad a = \sqrt{16}$$
$$\mathbf{4^2 = 16 \qquad 4 = \sqrt{16}}$$

Geben Sie die Formel in Ihren Taschenrechner ein.

Üben wir mit dem Satz des Pythagoras:

$$a^2 + b^2 = c^2$$

Diese Formel haben Sie mit Sicherheit schon gehört.

Alle Elemente haben einen Exponenten nämlich ^{2}

Stellen wir die Formel nach a um.

$$a^2 = c^2 - b^2$$

Um a zu berechnen müssen wir jetzt die Wurzel ziehen.

$$a = \sqrt{c^2 - b^2}$$

$$\text{oder} \quad b = \sqrt{c^2 - a^2} \quad \text{oder} \quad c = \sqrt{a^2 + b^2}$$

Merke: Um eine Exponenten rückgängig zu machen müssen wir die Wurzel ziehen.

Einer der schwersten Formel die Sie erwarten wird, ist die der Kreisringberechnung:

$$A = \frac{(D^2 - d^2) * \pi}{4}$$

Stellen wir um nach d:

$$d = \sqrt{D^2 - \frac{A*4}{\pi}}$$

Übungen:

- $v = \dfrac{s}{t}$ umstellen nach s

- $v = \sqrt{2} * a * s$ umstellen nach a

- $V = \dfrac{\pi * d^2}{4}$ umstellen nach d

- $Q = m * c * \Delta T$ umstellen nach c

Üben Sie das Formelumstellen, denn es eine wichtiges Kapitel für das Fach NTG.

Lösungen siehe Kapitel 6

- Einheiten nach SI- Einheitssystem

Es gibt sieben Basiseinheiten (Grundeinheiten) von denen weitere abgeleitet werden.
Wenn Sie eine Berechnung durchführen ist es auf jedenfall notwendig, dass alle Werte die Sie einsetzen auch das entsprechende Einheitszeichen besitzen.

Basisgröße	Basiseinheit	Einheitszeichen
Länge	Meter	m
Masse	Kilogramm	kg
Zeit	Sekunde	s
Stromstärke	Ampere	A
Temperatur	Kelvin	K
Stoffmenge	Mol	Mol
Lichtstärke	Candela	cd

Merke: Sie müssen, auch in der Prüfung alle Werte mit den zugehörigen Einheit benennen sonst droht Punktabzug!!!!

- Dezimale Einheiten

Vorsatz	Vorsatzzeichen	Faktor
Piko	P	10
Nano	n	10
Mikro	μ	10
Milli	m	10
Zenti	c	10
Dezi	d	10
Deka	da	10
Hekto	h	10
Kilo	k	10
Mega	M	10
Giga	G	10
Terra	T	10

Informieren Sie sich und tragen Sie die zugehörigen
Exponenten in die Tabelle ein.

- Längen- Flächen- Volumenberechnungen

Als Grundlage für den NTG Kurs ist vor allen sehr wichtig, dass Sie Längenberechnungen, Flächenberechnungen sowie Volumenberechnungen durchführen können.

Es erwartet sie :

Umrechnung vom Längen
  - z.B. km nach m, der cm usw.

Umrechnung von Flächen
  - z.B. m^2 in cm^2 usw.

Umrechnung vom Volumen
  - z.B. m^3 in dm^3 usw.

Merke: Umrechnen von Längen erfolgt in 10 Schritt, Flächenberechnungen im 100 Schritt und Volumenberechnungen im 1000 Schritt. (Vergleiche Exponenten)

- Vergleich Celsius °C und Kelvin K

Die Temperatur wird üblicherweise in Kelvin K oder in Grad Celsius °C gemessen, wobei Kelvin die Standarteinheit ist. Beide Skalen unterscheiden sich nur durch die Lage des Nullpunktes. Die tiefste Temperatur, welche erreicht werden kann, liegt bei -273,15 °C bzw. 0 K. Der Nullpunkt der Celsiusskala entspricht dem Schmelzpunkt von Wasser, 100 °C entspricht dem Siedepunkt.

Temperaturdifferenzen werden demnach mit ΔT bezeichnet. Aufgrund der Konstruktion der Skalen haben Temperaturdifferenzen in °C und in K die gleiche Maßzahl.

Beispiel:

Ausgangstemperatur	20°C	293 K
Endtemperatur	30°C	303 K
Temperaturerhöhung	10°C	10 K

Es gilt folgende Beziehung zwischen Kelvin und Celsius:

$$K = {}^\circ C + 273 \text{ bzw. } {}^\circ C = K - 273$$

- Längen- und Volumenausdehnung

In bestimmten Temperaturbereichen ist die Längenänderung proportional zur Temperaturänderung. Sie kann nach der folgenden Formel berechnet werden.

$$\Delta l = \alpha * l * \Delta T$$

Informieren Sie sich was die einzelnen Elemente bedeuten.

Volumenänderungsformel

$$\Delta V = \alpha * V * \Delta T$$

Informieren Sie sich auch hier was die einzelnen Elemente bedeuten.

Beispiel: Ein Rohr aus Aluminium hat eine Länge von 1000mm, und es erwärmt sich von 25°C auf 50°C

Wie groß ist die Längenänderung?
(Lösung siehe Kapitel 6)

- Bewegungsvorgänge

Bewegungsarten

Bewegungsvorgänge haben in der Technik eine große Bedeutung.

Einteilung der Bewegungsarten

Definitionen der Bewegungsarten

Name	Abkürzung	Standarteinheit
Zeit	t	s
Masse	m	kg
Weg	s	m
Geschwindigkeit	v	m/s
Beschleunigung	a	m/s^2

Ermitteln Sie die Formel für die gleichmäßig geradlinige Bewegung .

Ermitteln Sie die Formel für die gleichmäßig geradlinige Kreisbewegung.

Merke: Da viele Geschwindigkeiten in km/h angegeben werden müssen Sie sich den Umrechnungsfaktor einprägen:

1 km/h entspricht 3,6 m/s

also den Faktor 3,6

Beispiel: Ein Fahrzeug fährt mit einer Geschwindigkeit von 120km/h eine Strecke von 80000m. Wie viel Minuten ist das Fahrzeug unterwegs?

Lösung siehe Kapitel 6

- Kräfte

Ändert ein Körper seinen Bewegungszustand, z.B. er kommt aus der Ruhe heraus in eine Bewegung dann spricht man von einer Kraft, dies wird als zweites newtonsches Axiom bezeichnet.

Es gilt: Kraft =   Masse * Beschleunigung

          F   =   m   *   a

Die Einheit der Kraft wird in Newton gemessen also:

$$1\,N = 1\,kg \;*\; m/s^2$$

Eine Kraft wirkt nur voll wenn sie senkrecht oder waagerecht auf einen Punkt wirkt. Dieses nennt man Gewichtskraft die jeder Körper besitzt und die immer senkrecht nach unten wirkt.

$$F = m * g$$

Für g gilt immer 9,81 m/s² (Erdanziehungskraft)

Wenn die Kraft unter einem Winkel angreift so muss die Kraft in senkrechte und waagerechte Teile zerlegt werden.

Diese Kräfte können dann mit folgenden Formeln berechnet werden:

Für die waagerechte Kraft gilt:

$$F = m * g * \sin \alpha$$

Für die senkrechte Kraft gilt

$$F = m * g * \cos \alpha$$

Bei cos α und sin α ist der Winkel gemeint unter dem
die Kraft auf den Punkt auftrifft.

Berechnen Sie :

An einem Kran hängt eine Masse von 350 kg.
Welcher Gewichtskraft F entspricht das?

Lösung siehe Kapitel 6

Berechnen Sie:

An einem Kran hängt ein Gewicht von 2,5 Tonnen.
Es wird mit 2 Seilen die unter einem Winkel von
jeweils von 20° zur Mittelachse stehen. Berechnen Sie
welche Kraft in einem der Seile wirkt.

Hinweis: Machen Sie sich hier eine kleine Skizze für
die Berechnung.

Lösung siehe Kapitel 6

- Energie und Energieumwandlung

In jedem System ist Energie gespeichert, die bewirkt, dass die Systeme Arbeit verrichten können.
So auch unser Körper, den wir mit Energie (Nahrung) versorgen müssen um unsere tägliche Arbeit zu verrichten.
Unsere Energie die wir aufnehmen wird aber nicht verbraucht, sonder nur umgewandelt. Daher rührt das Prinzip des Energieerhaltungssatzes, der besagt:

Energie geht nie verloren, sie wird nur umgewandelt.

Nehmen wir ein Beispiel. Unsere Glühbirne die wir allen kennen. Ein Teil der Energie wird in Lichtenergie umgewandelt, der andere Teil in Wärmeenergie.

Um die Effizienz eines Bauteils, wie unsere Glühbirne dazustellen gibt es den sogenannten Wirkungsgrad.
Er sagt aus wie viel Energie für die für die Arbeit verwendet wird und auch gleichzeitig gibt er die „Verluste" an die in andere Energieformen die nicht benötigt werden verwendet wird. Der Wirkungsgrad

hat das Zeichen: η

Daraus folgt folgende Formel:

$$\eta = \frac{Wab}{Wzu}$$

Also bei der Glühbirne ist Wab die Energie die die Birne braucht um zu leuchten und Wzu ist die Energie die gebraucht wird um die Birne zum leuchten zu bringen und die „Verluste" (Wärmeenergie) einzubringen.
Somit ist der Wirkungsgrad immer kleiner als 1 bzw. kleiner als 100%.

Die wichtigsten Energieformen im Überblick

Kinetische Energie oder Bewegungsenergie	$Wkin = \frac{1}{2} * m * v^2$
Potenzielle Energie oder Lageenergie	$Wpot = m * g * h$
Federenergie	$Wfed. = \frac{1}{2} * D * s^2$
Wärmeenergie	$Q = m * c * \Delta T$
Elektrische Energie	$Wel = U * I * t$

Überlegung:

In einem Regenbehälter der sich 10m über Boden befindet sind 100 l oder 100 kg Wasser enthalten.

Berechnen Sie:

Wie groß ist die **Bewegungsenergie** die sich im Regenbehälter befindet?

Lösung siehe Kapitel 6

Informieren Sie sich und berechnen Sie:

Zwei Bergwanderer befüllen Ihren Teekessel mit 2 kg Wasser mit einer Temperatur von 2C°, und erhitzen es auf 98C°.
Welche Wärmeenergie oder Wärmemenge wurde zum erwärmen des Wassers benutzt?

Lösung siehe Kapitel 6

- Arbeit und Leistung

Im letzten Kapitel haben wir über Energie gesprochen. Wenn wir als Mensch eine Arbeit verrichten, z.B. einen Kasten Bier hochheben dann verrichten wir Arbeit und zwar wenn unsere Kraft längs eines Weges wirkt.

Formel für die Arbeit ist:

$$W = F * s$$

wobei F die Kraft ist und s der Weg.
Die Einheit für die Arbeit ist Joule (J)

Beispiel: Wir heben den Bierkasten mit einem Gewicht von 25 kg auf ein Regal das in einer Höhe von 2m liegt.
Berechnen Sie das Beispiel.
(Achtung: Gewicht ist keine Kraft denken Sie an g)

Lösung siehe Kapitel 6

Und hier auch die Leistung die wir mit dem
Bierkasten verrichten.

Zu unserer Arbeit in dem wir die Bierkasten mit 25 kg
auf das Regal in 2 m Höhe heben, müssen wir nun
noch die Zeit die wir dafür brauchen berücksichtigen.

Formel für die Leistung

$$P = \frac{W}{t}$$

oder nach Arbeit aufgeschlüsselt

$$P = \frac{F * s}{t}$$

Die Einheit für die Leistung ist Joule pro Sekunde
also:
1 J/s und das entspricht 1 Watt

Berechnen Sie die Leistung wenn man für den
Bierkasten um ihn hochzuheben eine Zeit von 2
Sekunden benötigt.

Lösung siehe Kapitel 6

Berechnen Sie noch andere Leistungen aus Ihrer Umgebung!!!

- Festigkeitslehre

Berechnungen von mechanischen Beanspruchungen

Jedes Bauteil wird meist durch verschiedene äußere Kräfte beansprucht, die innerhalb des Bauteiles Spannungen erzeugen.
Diese Spannungen dürfen je nach Werkstoff nicht überschritten werden, da sonst dauerhafte Verformungen oder sogar Zerstörung des Bauteils drohen.

Definition Spannung:

$$mechanische\ Spannung = \frac{Kraft}{Fläche}$$

Bei Druck- und Zugspannung:

$$\sigma = \frac{F}{A}$$

Bei Torsion und Abscherung

$$\tau = \frac{F}{A}$$

σ= Normalspannung in N/mm²
F= Kraft senkrecht zur Fläche in N
A= Fläche des Bauteilquerschnittes in mm²
τ= Schubspannung in N/mm²

Beispiel: Ein Rundstahl mit einem Durchmesser von 30mm wird mit einer Kraft von 2000N belastet. Welche Normalspannung wirkt im Rundstahl?

Lösung siehe Kapitel 6

Beispiel: Ein Rundstahl mit einer maximalen Normalspannung von 235N/mm² soll mit einer Kraft von 120KN belastet werden. Welchen Durchmesser muss der Stahl aufweisen?
(Zuerst Fläche A ausrechnen und dann nach d umstellen)

$$A = \frac{d^2 * \pi}{4}$$

Lösung siehe Kapitel 6

Elektrotechnik

- Was ist Elektrizität?

Elektrizität ist nichts anderes als ein fließen von Elektronen durch einen metallischen Leiter. Elektrizität bietet den Vorteil, dass sie in metallischen Leitern über eine große Entfernung transportiert werden kann. So kann es auch mit vergleichbaren hohen Wirkungsgrad $\acute{\eta}$ in andere Energieformen umgewandelt werden.

z.B. Wird ein Glasstab mit einem Tuch gerieben so werden leichte Gegenstände wie Haare oder ähnliches von Glasstab angezogen. Durch das Reiben werden je nach Werkstoff Elektronen zugeführt oder abgegeben.

Elektronenüberschuss = negative Ladung
Elektronenmangel   = positive Ladung

Informieren Sie sich über die Sicherheitsvorschriften beim Umgang mit Strom, und notieren Sie die Vorschriften!!!!!!

- Ohm´sches Gesetz

Im 19. Jahrhundert erkannte Georg Simon Ohm bei Versuchen den Zusammenhang von Spannung und Stromstärke solange sich die Temperatur nicht ändert.

Dieses nennt man Ohm´sches Gesetz
Es lautet:

$$Spannung = Widerstand * Stromstärke$$

$$U = R * I$$

Beispiel: Wie groß ist die Spannung U, wenn ein Widerstand von 2500Ω angeschlossen werden kann, wenn die Stromstärke I 0,045 A beträgt.

U= R*I
U= 2500Ω * 0,045A
U= 112,5 V

Rechnen Sie selbst: Durch eine Glühbirne fließt ein Strom von 4,6 A. Wie groß ist der elektrische Widerstand bei einer Spannung von 230 V.

Lösung siehe Kapitel 6

- Reihenschaltung und Parallelschaltung

- Reihenschaltung:

Die Reihenschaltung ist dadurch gekennzeichnet, dass alle Widerstände hintereinander also in Reihe angeordnet sind.

Formeln für die Reihenschaltung:

Der Gesamtwiderstand wird errechnet:

$$Rges = R1 + R2 + R3 ..... usw$$

Die Spannung **teilt** sich auf jeden Widerstand auf.

$$Uges = U1 + U2 + U3 .... usw.$$

Die Stromstärke bleibt überall **gleich**.

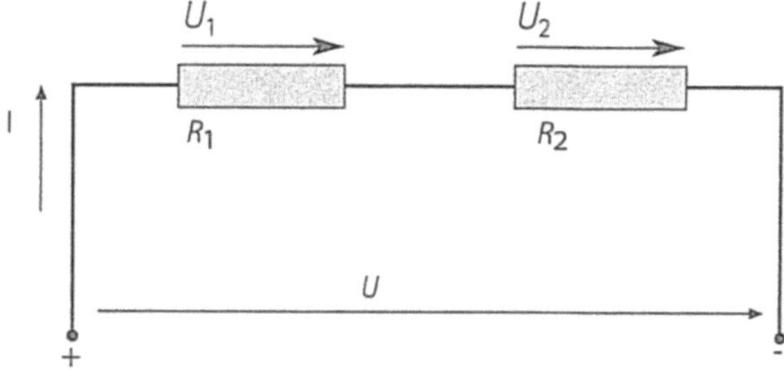

- Parallelschaltung

Die Parallelschaltung ist dadurch gekennzeichnet, dass alle Widerstände parallel geschaltet sind.

Formel für die Parallelschaltung:

Der Gesamtwiderstand wird errechnet:

$$Rges = \frac{1}{R1} + \frac{1}{R2} + \frac{1}{R3} \dots usw.$$

Die Stromstärke teilt sich auf jeden Widerstand auf.

$$Iges = I1 + I2 + I3 \dots usw$$

Die Spannung bleibt überall **gleich**.

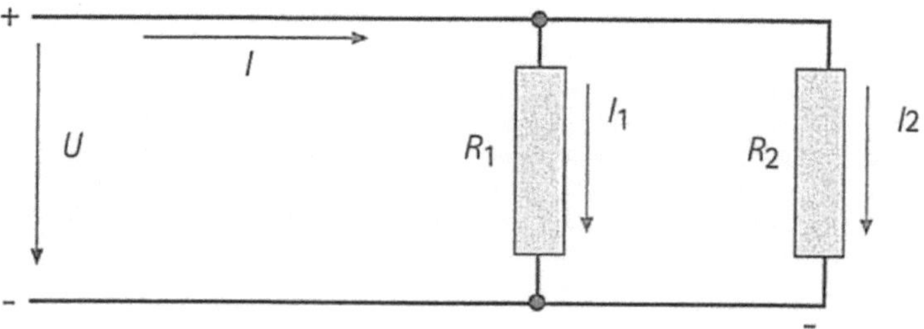

Achtung : Wenn nur 2 Widerstände parallel geschaltet sind gilt auch die Formel:

$$Rges = \frac{R1 * R2}{(R1 + R2)}$$

Schalten der Messgeräte in eine Schaltung

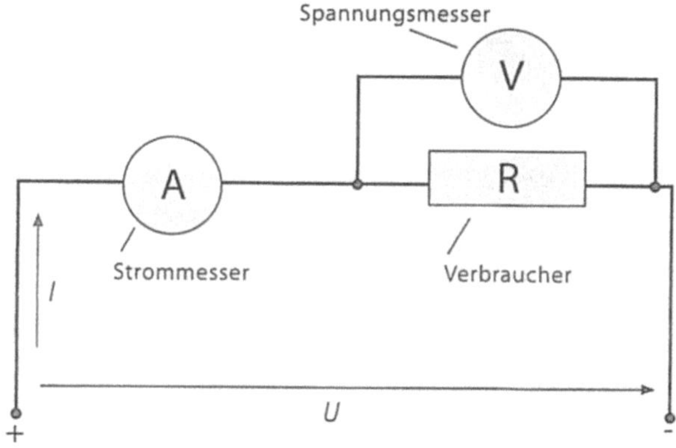

Das Voltmeter (Spannungsmesser) wird parallel in die Schaltung eingebracht.
Das Amperemeter (Strommesser) wird in Reihe in die Schaltung einbracht.

- Leistungsberechnungen

Die elektrische Leistung errechnet sich mit folgender
Formel:

$$Leistung = Spannung * Stromstärke$$

$$P = U * I$$

Einheiten:

Leistung P in Watt
Spannung U in Volt
Stromstärke I in Ampere

Erklärung: 1 Watt = 1 Volt * 1 Ampere

oder   **1 Watt = 1 Nm/s = 1 J/s**

**Die Formel für die Leistungsberechnung kann
auch mithilfe des Ohm´schen Gesetzes umgestellt
werden.**

Grundformel: $\qquad\qquad P = U * I$

für U wird **R*I** eingesetzt = $\qquad P = I^2 * R$

oder

für I wird **U/R** eingesetzt = $\qquad P = \dfrac{U^2}{R}$

Wenn noch der Faktor cos φ angegeben ist muss er noch in die Formel mit eingebunden werden. Dadurch entsteht für die Leistungsberechnung folgende Formel:

$$P = U * I * \cos\varphi$$

Wenn z.B. ein Motor nur eine Phase besitzt so wird die vorhergehende Formel verwendet. Wenn aber der Motor 3 Phasen besitzt, also mit Kraftstrom betrieben wird so müssen wir diese 3 Phasen in die Formel mir einbauen. Diese lautet nun:

$$P = \sqrt{3} * U * I * \cos\varphi$$

- elektrische Arbeit

Elektrische Arbeit stellt die Grundlage der Energieversorgung und Abrechnung der Stromversorgungsunternehmen da.

Wir wissen bereits, dass die elektrische Leistung in Watt angegeben wird. Elektrische Arbeit bedeutet , dass die Leistung in einer gewissen Zeit verrichtet wird. Daraus folgt:

$$Arbeit = Leistung * Zeit$$

entspricht: $\qquad W = P * t \quad$ also Watt * Sekunde

denn 3600000W/s = 1Kw/h oder 3600000 J = 3,6MJ

Übung: Schauen Sie auf Ihre Haushaltsgeräte und berechnen Sie dadurch die Leistung oder die Arbeit die diese Geräte für sich beanspruchen. Es wird Ihnen leicht fallen.

Statistik

- Was ist Statistik?

In der Statistik werden verschieden Merkmale eines Prozesses untersucht die sich wie folgt aufteilt:

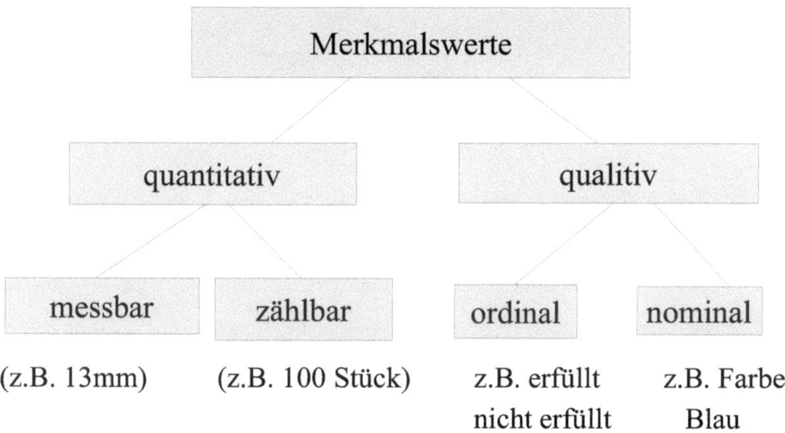

Hier werden Sie jetzt anhand verschiedener Beispiele im Umgang mit der Statistik geschult.

- Normalverteilung

Die Normalverteilung wird auch Gaußsche Verteilung genannt, weil der Mathematiker Carl Friedrich Gauß dieses Verfahren beschrieben hat. Es handelt sich hierbei um eine Glockenkurve.

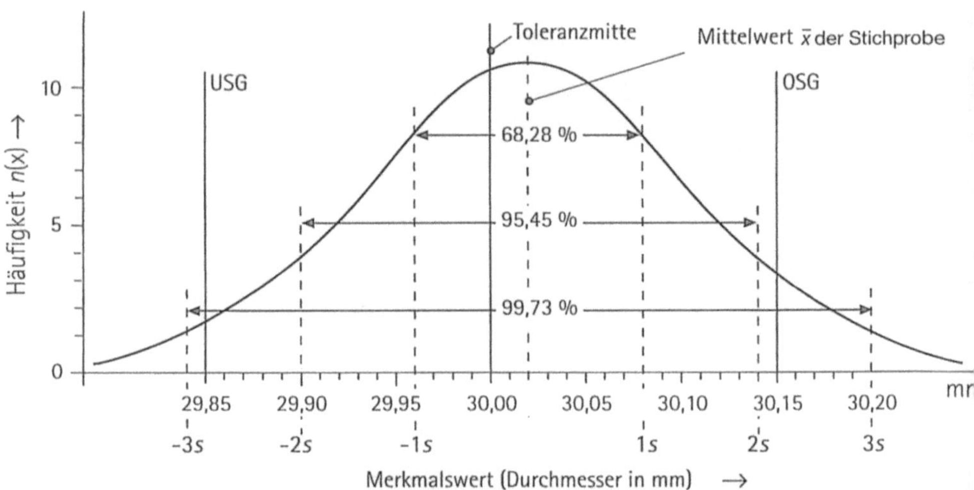

Informieren Sie sich über die Bewertung der Normalverteilung.

Folgend nun die Formeln für die Normalverteilung

<u>Arithmetischer Mittelwert</u>

$$x = \frac{(Summe\ aller\ Messwerte)}{(Anzahl\ der\ Messwert)}$$

$$x = \frac{(\Sigma\ Xi)}{n}$$

Xi = Messwert

X = arithmetische Mittelwert der
      Strichprobenwerte

n = Anzahl der Messwerte der Stichprobe

<u>Standartabweichung</u>

$$Standardabweichung:\ s = \sqrt{\frac{1}{n-1} \sum_{i=1}^{n} (x_i - x)^2}$$

s = Standartabweichung der Stichprobenwerte

X = arithmetische Mittelwert der
      Strichprobenwerte

Xi = Messwert

n = Anzahl der Messwerte der Stichprobe

<u>Spannweite</u>

$$Spannweite = (maximaler\ Wert) - (minimaler\ Wert)$$

$$R = Xmax - Xmin$$

Und nun ein Beispiel.

Aus einer Lieferung von Schweißelektroden mir
einem Nennwert von 1mm wurden in einer Stichprobe
20 Elektroden gemessen.

Messwerte in mm	0,97	0,98	1,00	1,01	1,02	1,03	1,04
Häufigkeit	1	2	3	6	4	3	1

Berechnen Sie den arithmetischen Mittelwert und die
Standartabweichung.
Berechnen Sie die Spannweite

Lösung siehe Kapitel 6

**Weitere Informationen erhalten Sie im Unterricht.
Empfehlung: sehr gute Informationen sind auch
im Tabellenbuch Metall unter
Qualitätsmanagement zu finden.**

Weitere Informationen

Diese Informationen sind dazu gedacht wenn es zur einen mündlichen Prüfung kommen sollte, dass auch Sie dafür gut gerüstet sind.

- **Kernkraftwerke**

Es gibt 4 verschieden Reaktortypen:

1. Siedewasserreaktor
2. Druckwasserreaktor
3. Hochtemperaturreaktor
4. schnelle Brüter

Siedewasserreaktor

Siedewasserreaktoren werden nur noch selten gebaut und betrieben da sie nur einen Kühlkreislauf haben. Durch die Reaktion wird Dampf aus dem Reaktor direkt in die Turbine zur Stromherstellung geleitet.

Druckwasserreaktor

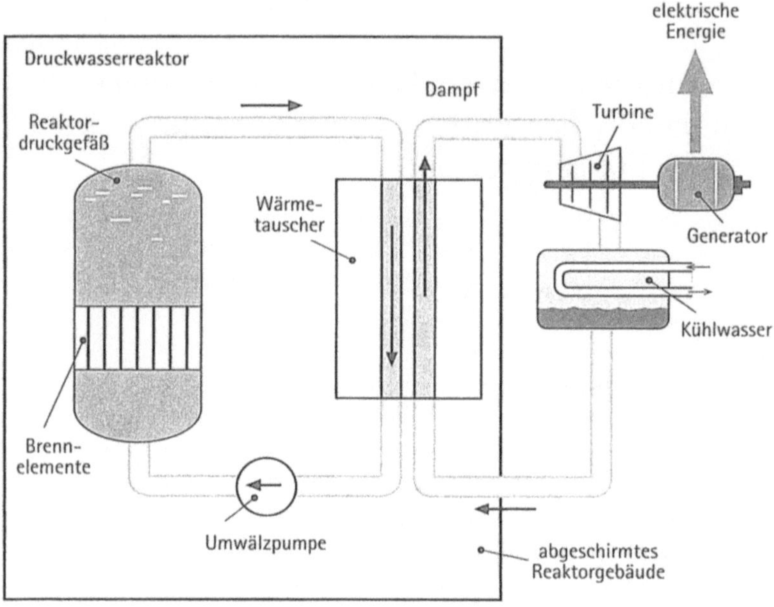

Hier gibt es in Gegensatz zum Siedewasserreaktor 2 Kreisläufe, einen Primärkreislauf in dem die Energie an den Sekundärkreis mittels Wärmetauscher abgegeben wird und dann erst die Wärmeenergie in elektrischen Strom umgewandelt wird.

Informieren Sie sich noch über Hochtemperaturreaktor und schnelle Brüter.

- **Verbrennungsmaschinen**

Verbrennungskraftmaschinen

Innere Verbrennung

Äußere Verbrennung

- Dampfmotor
- Stirlingmotor

Einzelzündung

Kontinuierliche Zündung

- Ottomotor
- Dieselmotor
- Wankelmotor

- Gasturbine

Informieren Sie sich hier über alle Arten der Verbrennungskraftmaschinen

- **alternative Energiequellen**

Es sprechen verschiedene Gründe für die Nutzung
von alternativen Energiequellen.
Denn die fossilen Reserven sind begrenzt, wodurch
auch umweltbelastende Stoffe entstehen sowie auch
die Nutzung der Kernenergie die nicht ohne Risiken
auskommt. (siehe Tschernobyl)

Wichtigen alternative Energiequellen sind

- Solarenergie
- Solarthermische Anlagen
- Photovoltaikanlagen
- Windenergie
- Geothermie
- Brennstoffzelle
- Biogas

**Informieren Sie sich über diese alternativen
Energiequellen.**

Und nun zum Schluss ein wichtiger Satz der für das bestehen der NTG Prüfung sehr wichtig ist:

Learning by doing

Ich wünsche Ihnen viel Erfolg

Michael Dotzel

Lösungen

Seite: 17

$$s = v * t$$

$$a = \frac{v^2}{(2*s)}$$

$$d = \frac{\sqrt{V}*4}{\pi}$$

$$c = \frac{Q}{(m*\Delta T)}$$

Seite 22

0,595mm (wenn $\acute{\alpha}$ = 0,0000238 1/°C)

Seite 25

39,99 min gerundet 40 min

Seite 27

3433,5 N

2349,23 N

Seite 30

9810 KJ

802,56 KJ

Seite 31

490,5 J

Seite 32

245,25 J/s oder W

Seite 34

2,83N/mm²

25,50 mm

Seite 36

50Ω

Seite 46

X= 1,01   s= 0,0181   R= 0,07

Der Autor

Michael Dotzel wurde 1970 in Schweinfurt geboren. Nach der Lehre zum Maschinenschlosser und den folgenden Erfahrungen im Berufsleben ging er auf die Technikerschule für Maschinenbau in Schweinfurt wo er zum staatlich geprüften Maschinenbautechniker ausgebildet wurde.

Nach seiner Technikerausbildung machte er sich als Honorardozent selbstständig und unterrichtet bis zum heutigen Tag bei verschiedenen Bildungsträgern das Fach NTG in der Logistikmeisterausbildung.

Copyright

Autor: Michael Dotzel
Titel: NTG Grundlagen

© 2014, Autor
Self Publishing